LES CHAMPENOIS

A TRAVERS LES SIÈCLES

Par Alexandre ASSIER

Virgile pourrait dire de la Champagne comme de l'Italie :

Alma parens frugum,
Alma virum.
(Victor-Hugo. *Lettres sur le Rhin.*)

Prix : UN franc.

SECONDE ÉDITION

PARIS

DUMOULIN, Libraire,   F. HENRY, Libraire,
Quai des Augustins.   Palais-Royal, 12, Gal. d'Orléans

ET CHEZ LES PRINCIPAUX LIBRAIRES DE L'ANCIENNE
PROVINCE DE CHAMPAGNE.

1869

ESQUISSE HISTORIQUE

Tiré à 160 exemplaires :

LES CHAMPENOIS

A TRAVERS LES SIÈCLES

Par alexandre ASSIER.

« Virgile pourrait dire de la Champagne comme de
l'Italie :

Alma parens frugum,
Alma virum. »

(Victor Hugo. *Lettres sur le Rhin.*)

Prix : UN franc.

SECONDE ÉDITION.

PARIS

DUMOULIN, libraire, | F. HENRY, libraire,
Quai des Augustins. | Palais-Royal. 12, Gal. d'Orléans

ET CHEZ LES PRINCIPAUX LIBRAIRES DE L'ANCIENNE
PROVINCE DE CHAMPAGNE.

1869

ARCIS-SUR-AUBE,

Imprimerie Léon FRÉMONT, place de la Halle.

A MONSIEUR L'ABBÉ CŒUR,

Chanoine de Saint-Denis et Chevalier de la Légion d'honneur.

—

Monsieur,

J'OSE *vous dédier cet opuscule pour prouver que les Champenois, dans tous les siècles écoulés, ont su mériter la renommée dont ils jouissent à si juste titre. Nul plus que vous n'a pu les apprécier, lorsque, sous l'épiscopat de votre digne frère, vous avez vécu parmi eux. Troyes a gardé le souvenir de l'éloquence de Mgr CŒUR, dont l'éloge, naguère, fut prononcé devant une nombreuse assemblée par un des magistrats les plus spirituels de la Champagne. Tous ont applaudi à cette réminiscence peut-être trop tardive, dans une cité qui pourra toujours se glorifier d'avoir compté au nombre de ses Pontifes l'un des plus célèbres orateurs sacrés de ce siècle.*

Mais hélas! tout passe ici-bas, gloire, honneur & santé. L'histoire seule se charge d'enregistrer les faits éclatants pour les transmettre à la postérité. Mais combien de gens ont le temps de lire, entraînés qu'ils sont par le tourbillon des affaires ou n'admirant que le présent?

Pour moi, Monsieur, quoique j'accorde de justes louanges à tout ce qui, de nos jours, porte un certain caractère de grandeur, je sais encore apprécier ce qui n'est plus. Aussi vous prierai-je d'accepter cette dédicace comme un bien faible hommage que je rends au talent si distingué de votre frère vénéré et à la bienveillance que vous m'avez témoignée.

Agréez, Monsieur, le respect avec lequel
j'ai l'honneur d'être,

Votre très-obéissant serviteur,

Alexandre **ASSIER.**

Troyes, 10 mars 1869.

LA CHAMPAGNE

Qui de vous n'a point entendu vanter le vin si mousseux et si pétillant de la Champagne et les produits si justement recherchés de sa bonneterie? Le nom de cette province s'est même tellement propagé, au-delà des mers que, sur les rives de la Tamise comme sur celles de la Seine, de joyeux convives portent un toast à sa prospérité. Mais cette gloire, chers lecteurs, me semble bien éphémère dans un siècle où chaque jour le génie de l'homme enfante tant de merveilles, et où de nouvelles inventions anéantissent si rapidement les plus éclatantes renommées. Aussi, quoique constatant avec plaisir le succès de nos industriels, je me permettrai de vous rappeler la *véritable* grandeur de la Champagne, ou plutôt de vous montrer que les Champenois vos bons aïeux avaient acquis avant vous de justes titres à notre reconnaissance.

Beaucoup de peuples et même de villes, aspirant de tout temps à une haute antiquité d'origine, ont rencontré des historiens qui se sont complaisamment chargés de leur trouver des ancêtres dès les époques les plus reculées. Ainsi Troyes, s'il faut en croire des érudits du XVIIe siècle, aurait eu pour premiers habitants des Phrygiens échappés aux flammes d'Ilion et refoulés par les Gaulois jusque sur les bords de la Seine. Mais la gloire de la Champagne est trop grande pour que nous osions abuser d'étymologies mensongères et vous prouver que le vénérable Anchise pourrait encore compter parmi nous des descendants. Et en effet, quels sont ces guerriers si terribles qui franchissent les montagnes et les fleuves, se présentent devant cette Rome si fière de ses conquêtes et sèment partout la terreur? Ne sont-ce point les Sénonais et les Lingons, les premiers habitants de notre province? Campés sur les ruines de Rome payenne, ces vainqueurs ne se retirent que chargés de dépouilles, et quoique défaits, dit-on, par le dictateur Camille, n'en continuent pas moins de jeter l'épouvante pendant plus d'un siècle encore dans la péninsule italique. Que plus tard, lorsque Dieu ne veut plus former qu'un seul peuple, César envahisse la Gaule, les Sénonais prennent les armes et ne cessent de lutter que longtemps après la sanglante défaite de Vercingétorix, ce noble défenseur de notre pays, dont nous voyons aujourd'hui la statue colossale se dresser sur la colline témoin de ses exploits, comme un hommage bien tardif rendu par ses descendants à son héroïque valeur.

Lorsque les patriciens de Rome se prosternent devant des Césars tels que les Caligula, les Claude et les Néron, Sabinus de Langres veut secouer le joug de ses lâches oppresseurs et relever l'empire des Gaules. Mais forcé de se réfugier dans 'un souterrain, il n'en sort que pour rendre plus éclatante la vertu de sa noble épouse Éponine. Embrassant bientôt la religion du Christ, la Champagne compte dans chacune de ses opulentes villes des martyrs dont les reliques sont encore vénérées parmi nous. Et en effet, si l'histoire vante Sésostris, Cyrus, Alexandre et César, croit-on que les Timothée de Reims, les Memmie de Châlons, les Bénigne de Langres, les Savinien de Sens et les Potentien de Troyes n'ont point mérité de plus justes éloges ? Que nous reste-t-il de ces grands capitaines de l'antiquité, dont le passage sur cette terre a toujours causé un douloureux effroi ? Rien qu'un nom connu seulement d'un petit nombre d'érudits, tandis que nous devons notre foi, cette vertu si divine qui nous élève au-dessus de ce globe, à ces héros dont nous nous glorifions de porter les noms et surtout d'imiter les vertus.

Sanctifiée par eux, voyez même comme cette Champagne brille tout à coup et devient le berceau de notre grandeur. Qu'Attila s'élance de la Germanie pour écraser les Gaulois et anéantir le christianisme, c'est dans nos plaines si dédaignées que le fléau de Dieu vaincu pour la première fois commence à courber la tête devant la majesté d'un évêque. Les Franks peuvent à sa suite franchir le Rhin, menacer les Gaules que les empereurs ne défendent plus, Dieu suscite à Reims saint Remi qui dompte leur chef superbe et le baptise avec les plus valeureux de ses guerriers. Mais, convertis au christianisme, les Franks ne se dépouillent pas entièrement de leurs mœurs farouches. Sur le seuil de nos cathédrales et à la porte des abbayes dont le sol s'est couvert, apparaissent de vénérables pontifes et d'austères abbés dont les vertus calment l'impétuosité des vainqueurs et protégent la faiblesse des vaincus. C'est en Champagne que résident à Braine les plus terribles descendants de Clovis et qu'au milieu d'un concile, le vertueux Grégoire de Tours terrasse ses ennemis par sa voix éloquente. C'est encore dans les plaines de Châlons que le premier duc de Champagne lutte contre des seigneurs turbulents et audacieux et veut soutenir cette malheureuse Brunehaut qu'un pauvre bûcheron rencontre quelques jours après errante et épuisée près d'Arcis, sur les rives de l'Aube.

Clotaire II, son vainqueur, peut jeter dans l'exil le saint évêque de Sens qui résiste à ses passions. De l'abbaye de Saint-Loup de Troyes sort le vénérable Winebaud, qui force l'irascible monarque à rappeler le vertueux pontife, comme plus tard saint Berchaire de Montiérender fera tomber le bourreau de saint Léger aux pieds de sa victime et le conduira jusqu'à Jérusalem pour y pleurer ses fautes sur le tombeau de celui qui voulut expier les nôtres. Que Charles Martel lui-même, vainqueur des Musulmans, dépouille les églises de leurs biens pour en gratifier ses compagnons d'armes, saint Rigobert de Reims élève la voix en faveur des pauvres et triomphe dans son exil.

A ces siècles de tumulte et d'agitation succède celui de Charlemagne, où la petite ville d'Attigny voit le terrible Witikind courber la tête sous la main d'un pontife. Le grand monarque est à peine descendu dans la tombe, que sur le siége épiscopal de Reims monte le célèbre Hincmar, le *Bossuet* du IXe siècle. Refoulant cette vaine philosophie de l'antiquité représentée par Jean Scot, l'illustre prélat soutient de son éloquence et même de ses troupes la royauté chancelante des fils de Charlemagne. Mais attaquée par les redoutables pirates du Nord et surtout par la turbulente féodalité, la race du grand roi s'éteint à l'avénement de Hugues-Capet.

Alors apparaissent nos comtes de Champagne, dont le moins vertueux n'obtint que le surnom de *Tricheur*, dans un siècle où la fourberie seule assurait le succès. Reims, malgré les ténèbres dont se couvre le royaume de France, conserve ses écoles et brille d'un vif éclat.

C'est là que viennent étudier les hommes les plus remarquables, à la suite du bon Robert, fils de Hugues-Capet, sous le célèbre Gerbert, qui devient pape sous le nom de Sylvestre II, après avoir organisé les sciences six cents ans avant Bacon.

Doué d'une haute intelligence, Sylvestre jette un coup d'œil sur le globe, il sait que l'islamisme a déjà tenté la conquête du monde, et que sans l'épée de Charles-Martel tout l'Occident lui serait soumis. Il le voit grandir et dominer en Asie, il entend les cris douloureux poussés par les pauvres pèlerins que les Musulmans torturent sur le tombeau de leur Sauveur. Il veut signaler le péril, lorsque la mort le surprend. Mais ses paroles ont été entendues, Urbain II, de Châtillon-sur-Marne, rassemble les fiers barons au concile de Clermont et soulève toute l'Europe contre les ennemis du Christ. Alors de nos châteaux et de nos villes s'ébranlent des milliers de héros qui vont conquérir cette Jérusalem, dont le nom seul fait vibrer nos cœurs. Godefroi de Bouillon est à peine descendu dans la tombe que saint Bernard fonde à Troyes l'ordre si puissant et si malheureux des Templiers. Villehardouin, maréchal de Champagne, anéantit l'empire des Grecs perfides, tandis que Jean de Brienne, son compatriote, protège la papauté contre les tentatives des Allemands, conquiert deux couronnes et maintiendrait en Orient la domination franque si l'islamisme ne triomphait de la division des chrétiens, comme le prévoyait l'illustre abbé de Clairvaux, lorsqu'il déplorait les désordres des camps à cette époque. Aussi que saint Louis veuille tenter un dernier effort, éteindre en Égypte le véritable foyer de l'islamisme, Jean, sire de Joinville, suivra malgré lui son bon maître et nous laissera le premier monument de génie que nous possédions en langue française.

Mais si la Champagne succombait en Palestine, si le sang de ses valeureux barons coulait pour la défense de la foi, si les plaines de l'Asie se couvraient des ossements de nos aïeux, nulle contrée n'obtenait peut-être de plus grande renommée. En effet, de tous côtés s'élevaient comme par enchantement des abbayes telles que celles de Clairvaux, de Morimond, du Paraclet et de Molesme, et des cathédrales telles que celles de Reims, de Troyes et de Sens. De ses écoles sortaient Salomon Raschi, Pierre Comestor, Guillaume de Champeaux, Pierre de Celle et Robert de Sorbon qui fondait à Paris la Sorbonne, d'où jaillirent les grandes lumières du monde catholique, Albert le Grand, saint Thomas et saint Bonaventure! Ses poètes devinrent eux-mêmes si célèbres que l'un d'eux, Chrétien de Troyes, parut à la cour de Philippe-Auguste, tandis qu'un autre excita l'admiration des grands seigneurs de l'Allemagne et que Thibaut IV, roi de Navarre, fit peindre sur les vitres de son château de Provins des poésies qui peuvent encore s'entendre et se lire. Il est bien vrai

que la satire se glissa quelquefois dans ces poésies
naïves ; que Guyot, simple clerc de Champagne,
flagella dans sa *Bible* les moines, les rois et les hauts
barons, mais dans notre siècle, où tant de pam-
phlets circulent, où tant de feuilles et de journaux
sont répandus sous tous les formats et à des prix si
minimes, devons-nous nous étonner si nos bons aïeux
laissaient étinceler çà et là, dans leurs vers et même
sur les portails de nos cathédrales, quelques traits
de l'esprit gaulois ? Il y eut même des épiciers de
Troyes qui, dans ces prétendus siècles de ténèbres,
osèrent griffonner sur leurs comptoirs des poèmes
allégoriques. 'C'est qu'en Champagne la satire dut
surtout s'exercer au temps des foires qui attiraient
tant d'étrangers à Troyes, à Provins et à Lagny, où
l'on vit de grands seigneurs se métamorphoser en
boutiquiers pour recouvrer leur fortune et où de
pauvres gens de Galice apprenaient à de riches négociants que la seule amitié durable ici-bas est celle
qui est fondée sur l'estime réciproque.

Victor Hugo, dans ses *Lettres sur le Rhin*, constate
que l'histoire de nos villes est « l'histoire de France en
petits morceaux, mais pourtant encore grande. »
Et en effet, que la Champagne voie s'éteindre la race
de ses comtes si braves et si débonnaires, qu'elle
devienne une des provinces du royaume de France
dès les successeurs de Philippe-le-Bel, que ses foires
ne soient plus fréquentées par les Lévantins comme

au temps de Thibaut le chansonnier, elle n'en produira pas moins des hommes qui lui assureront peut-être le premier rang. C'est dans un petit village des Ardennes que grandit Gerson, qui ose s'élever contre le lâche meurtrier du duc d'Orléans, qui se dérobe même à ses poursuites sous les voûtes de Notre-Dame de Paris et qui mérite devant les membres du concile de Constance la palme de la science et de la vertu. C'est de Troyes que sort cette noble famille des *Jouvenel* si connus sous le nom de Juvénal des Ursins et dont le premier, devenu prévôt des marchands de Paris en 1388, sut, comme son compatriote, triompher des Bourguignons.

Décimée par de sanglantes représailles, la France de tous côtés envahie semble anéantie; son jeune roi dissipe même dans les fêtes les dernières parcelles de son royaume. Mais Dieu qui protége du haut des cieux la première nation catholique suscite dans un obscur hameau de la Champagne Jeanne d'Arc qui délivre Orléans et conduit à Reims l'heureux Charles VII, pour y recevoir, comme ses prédécesseurs, la couronne que les Anglais croyaient à jamais posséder par le traité de Troyes.

A ces siècles de guerres et de calamités succèdent tout à coup des siècles d'impiété. La révolte éclate en Allemagne et menace d'envahir la France. La Champagne, toujours fidèle à la foi de ses pères, proteste par la magnificence de ses monuments religieux et par la pompe splendide de ses cérémonies contre cette licence qui bouleverse presque toute l'Europe. C'est même du château de Joinville que sortent les Guises, ces valeureux champions du catholicisme qui pardonnent à leurs meurtriers et qui repoussent les étrangers du noble pays de France.

C'est encore au château de Cérilly que grandit le cardinal Pierre de Bérulle, qui fonde les Carmélites et l'Oratoire, ces deux pépinières où se recruteront les véritables maîtres de la jeunesse et ces âmes qui, fatiguées de ce monde ou dédaignant ses vanités, ne veulent chercher ici-bas que le royaume de Dieu. Et ce brave et bon Henri de Navarre, par qui fut-il surtout soutenu contre les tentatives du duc de Mayenne, sinon par Mathieu Molé de Troyes qui conservant même son importante dignité sous l'inflexible Richelieu, triompha plus tard de la Fronde et terrassa par la noblesse de son langage l'émeute qui envahissait le palais?

Mais sous Louis XIV, que de grands hommes la Champagne ne compte-t-elle pas, depuis Bouchardon, Mignard et Girardon qui décorèrent les palais du grand roi de leurs admirables chefs-d'œuvre, jusqu'à Mabillon qui mérita d'être présenté devant son souverain comme le plus érudit du royaume et à La Fontaine qui s'immortalisa par ses *Fables* où les mœurs des hommes sont peintes avec tant de naturel et de vérité!

C'est à Reims que naquit Colbert, dont le génie sut créer tant de ressources sous un règne dont les *expéditions* coûtèrent d'énormes sommes à la France. Mais qui le croirait? Ce grand ministre qui répara nos finances épuisées, qui multiplia les métiers, encouragea les manufactures et favorisa si largement l'agriculture, se vit presque banni de la cour lorsque *ses forces se furent affaiblies. Sur son lit de mort il* se rappelle ses travaux et ses veilles, et tremble de paraître devant son souverain juge. « Ah! s'écrie-t-il, si j'avais servi mon Dieu autant que mon roi, que mon sort serait heureux! » Mais, ô noble Champenois, que la populace insulte à tes funérailles, la postérité plus juste reconnaîtra tes efforts et ton dévouement, et Reims, ta ville natale, *te dressera une statue* comme à l'un de ses enfants les plus illustres.

Tandis que ce grand homme subissait cet outrage, de la ville du sacre sortait encore l'abbé de la Salle, le fondateur des écoles chrétiennes destinées aux pauvres enfants depuis si longtemps délaissés. Issu d'une noble famille, chanoine de l'église métropolitaine de Reims, il *peut ceindre la mitre,* mais il renonce à toutes les grandeurs de ce monde pour revêtir la modeste livrée de simple *frère.* Il entre dans cette capitale où tout semblait devoir favoriser ses vœux. Mais, hélas! il faut qu'il se dérobe par la fuite aux persécutions de ses ennemis. Pauvre vieillard, il traverse l'hiver, dans la neige, les âpres

montagnes du Gévaudan ; il veut quitter la France,
gagner le désert et se demande si son œuvre vrai-
ment admirable vient de Dieu ou de son esprit
peut-être égaré. Mais plus heureux que Colbert, son
compatriote, s'il boit le calice jusqu'à la lie, ses
humbles vêtements seront mis en pièces à sa mort
et emportés comme de précieuses reliques, en attendant que nos églises se décorent de sa statue, parce
que son œuvre est une de celles qui triomphent du
temps et des hommes.

Avec de tels héros, la Champagne peut donc
revendiquer parmi les provinces une noble place. Elle
a vu bivouaquer naguère dans ses plaines des hordes
étrangères venues des bords du Don, mais, si Dieu
l'avait voulu, ses plaines les auraient dévorées comme
au temps d'Attila. Aussi sur le rocher de Sainte-
Hélène, Napoléon Ier, à cette heure suprême où
l'homme se recueille pour sortir de ce monde, se
rappelait-il les premières années de sa jeunesse
écoulées à l'école de Brienne, et les luttes terribles
où nos braves aïeux triomphèrent si souvent de ses
ennemis, car n'est-ce pas avec les noms d'Arcis,
de Châlons, de Reims, de Vertus, de Méry et de
Montmirail que sont écrites les dernières pages de
son prodigieux poème ?

Mais si la Champagne s'est acquis tant de gloire
dans les siècles qui nous ont précédés, si son histoire
contient tant de faits éclatants, il ne faudrait pas en

conclure que, divisée depuis 1789 en plusieurs départements, elle n'a plus produit des hommes remarquables *comme sous ses comtes* et sous les rois leurs successeurs. Il nous suffirait de rappeler qu'elle a vu naître les Royer-Collard, les Méhul, les Gambey, les Henrion de Pansey, les Thénard et les Delaunay. Mais, visiteur solitaire de ses bourgs et de ses cités, allons interroger ses monuments et ses établissements industriels, et nous verrons que la Champagne conserve encore quelque chose de cette splendeur dont elle brillait dès le moyen-âge.

Et d'abord quel poétique pays que les *Ardennes !* Sans y reconnaître la *Suisse en miniature*, qui n'a point admiré leurs grottes mystérieuses, leurs lacs creusés sur les montagnes, leurs chemins perdus et leurs chalets suspendus? N'est-ce point dans leurs sombres forêts que les Druides ont bien de fois répandu la terreur parmi les Gaulois, qu'un cerf miraculeux a converti le grand veneur que tous les chasseurs invoquent, et que les passants étaient détroussés par le terrible seigneur que nos aïeux ont surnommé le *sanglier des Ardennes?* C'est à Givet qu'est né Méhul qui, fils d'un pauvre cuisinier, acquit un nom si célèbre par ses compositions musicales ; Givet, simple canton, pays des bons crayons et de la colle forte, ville admirablement située, non loin de ces énormes blocs de pierre appelés les *Dames de Meuse* et qui semblent menacer depuis des siècles de combler le lit du fleuve ; c'est à Fumay et à Monthermé que s'exploitent les meilleures ardoises de France, à Fumay qui forma si longtemps avec Montigny une petite république. Rocroy conserve encore le souvenir de la lutte effroyable où succomba sous les coups de Condé l'infanterie espagnole que l'Europe regardait à juste titre comme la plus redoutable du monde.

Mézières montre le drapeau qui servait d'étendard au brave chevalier *sans peur et sans reproche*, lorsqu'il défendait cette place forte contre les lieutenants de Charles-Quint. Mais, trop resserrée dans son enceinte fortifiée, cette héroïque cité a vu tout à coup surgir Charleville qui fabrique surtout des socs de charrue et des canons de fusil, les uns pour féconder le sol et les autres pour le protéger contre les agresseurs d'outre-Rhin. Plus loin, sur les rives de la Meuse, au pied d'un roc, s'élève Sedan, où le maréchal Fabert attira des manufacturiers et dont les premiers essais furent tellement encouragés par Colbert que la manufacture de cette ville est devenue la première de France. C'est là que naquit Guillaume-Louis Ternaux, qui dota sa ville natale des cachemires français. Mais, ce que les touristes ne doivent pas oublier, c'est une simple pierre sur laquelle on lit ces mots qui honorent l'humanité : *Ici naquit Turenne le 11 septembre 1611.* A quelque distance Mouzon, simple canton et jadis fief de saint Hubert, envoyait tous les ans au roi de France six chiens de chasse courants et six oiseaux de proie. Attigny, résidence de nos rois chevelus, a vu le baptême de Witikind, le plus terrible chef des Saxons et la dégradation de Louis le Débonnaire. Rethel vante encore ses comtes qui portaient autrefois la lance parmi les sept pairs de la Champagne, tandis que Vouziers, né d'hier, prospère par son commerce de grains, de laines et de vannerie.

De vastes plaines succèdent aux sites agréables des Ardennes, mais que de nobles souvenirs rappellent les villes qui s'élèvent dans cette partie de la Champagne autrefois si déserte ! C'est à Reims, patrie des Gobelins, de Colbert et de M. de la Salle, que nos rois, depuis Philippe-Auguste jusqu'à Charles X venaient recevoir le diadème des mains de l'archevêque dans cette cathédrale, dont le portail principal frappe d'admiration. C'est encore à Reims que Clovis reconnut le Dieu des chrétiens et promit de protéger son Eglise, à Reims d'où la laine sort toute cardée, toute filée, toute tissée, toute teinte et même tout apprêtée, en échange de sommes énormes, sans compter le tribut que cette cité prélève par ses biscuits et par ses pains d'épice. Montmirail, Vertus et Châlons gardent la trace du vainqueur d'Arcole et d'Austerlitz, surtout Châlons, dont les plaines se sont métamorphosées depuis l'établissement du camp. Sa cathédrale, quoique mutilée par les révolutions, a eu, dit-on, l'honneur d'entendre le jour de sa dédicace la voix éloquente de saint Bernard en présence du pape Eugène III et de ses cardinaux. Sainte-Menehould, la noble capitale de l'Argonne qui, vendue par un traître au duc de Lorraine, ne s'est pas livrée; Sainte-Menehould, où Louis XIV entra par la brèche le 2 septembre 1652, a vu les premières lueurs du génie de Vauban. Vitry-le-François, aujourd'hui si coquet, a perdu le souvenir de cette malheureuse guerre entreprise contre le comte de Champagne par Louis VII, qui fit périr plus de douze cents personnes qui s'étaient réfugiées dans une église. Mais c'est surtout à Epernay que se fabriquent chaque année des millions de bouteilles dont le contenu pétille même sur les tables somptueuses de l'extrême Orient, sous le nom si populaire de *vin de Champagne*.

Quoique totalement dépourvu de grandes villes comme Troyes, Reims et Châlons, le département de la Haute-Marne, pays montueux et boisé, a vu naître Henrion de Pansey, Bouchardon et le philosophe Diderot. C'est même à Saint-Dizier, dont les forges produisent tant de fer et d'acier, qu'a succombé le prince d'Orange; à Vassy que se fit ce massacre qui devint comme le prélude de la Saint-Barthélemy ; à Joinville que résidait cette malheureuse Marie Stuart que l'implacable Elisabeth fit décapiter, tandis que les Guises luttaient en France contre les Huguenots. Chaumont, simple rendez-vous de chasse au temps des grands feudataires, le pays naïf où l'on espérait être diable pour payer ses dettes, attire encore les voyageurs par son viaduc aussi gigantesque que les ponts des Romains. Langres, la vieille métropole des Lingons, près de laquelle Sabinus vécut si longtemps dans un souterrain et dont les évêques avaient le droit de porter le sceptre de nos rois au jour de leur sacre, Langres ne doit plus actuellement son importance qu'à la coutellerie qui se fabrique à Nogent.

Mais c'est dans le département de l'Aube, à la limite de celui de la Haute-Marne, dans l'ancien diocèse de Langres, que le touriste peut recueillir des souvenirs plus nombreux et plus éclatants. Clairvaux, il est vrai, n'est plus habité comme au XII⁰ siècle par des centaines de moines dont l'austérité frappait d'étonnement le pape Eugène III, qui lui-même avait conservé sous la tiare les mœurs cénobitiques. Mais l'ombre de saint Bernard semble encore planer au-dessus de cette immense forêt, de cette vallée qu'il sanctifia par ses vertus et par ses miracles. On aimera toujours à parcourir ces côteaux, ces vallons et ces bourgs où sa voix persuasive savait tellement captiver les cœurs que les femmes retenaient leurs maris de peur que saint Bernard ne les emmenât dans son monastère, à la porte duquel venaient frapper les pontifes vénérés et les potentats de l'Europe. Non loin de Clairvaux, sur les rives de l'Aube, s'élève Bar-sur-Aube, tant de fois témoin des prodiges de saint Bernard ; Bar-sur-Aube, la noble ville que le roi de France ne pouvait ni vendre ni aliéner, et qui va chaque année honorer sur une colline voisine sainte Germaine, l'héroïque vierge massacrée par les Barbares. Plus petite et moins importante par son commerce, la ville de Brienne montre la statue du jeune Bonaparte qui, sorti de sa modeste école dirigée par les Minimes, terrassa la Révolution et se posa sur la tête le diadème impérial, après avoir terrifié l'Europe par la rapidité de ses victoires et par la vigueur de son génie. Résidence de la noble famille des de Bauffremont, Brienne pourrait encore revendiquer la gloire de ses anciens comtes, de ce Jean qui ceignit plusieurs couronnes, mais le nom de Bonaparte lui suffit pour perpétuer son souvenir à travers les siècles, car n'est-ce pas encore à Brienne que l'empereur accourut pour repousser les hordes étrangères, à Brienne qu'il n'oublia point dans son testament sur le roc même de Sainte-Hélène ?

Pougy sur l'Aube n'a plus son antique castel fréquenté par tant de nobles personnages au XVIᵉ siècle ; Ramerupt, petit bourg d'où serait sorti le traître Ganelon, que les trouvères ont flétri pour avoir causé la mort du paladin Rolland, neveu de Charlemagne, aime mieux citer M. Charles Delaunay, l'une des illustrations scientifiques de notre époque. Arcis, dont on a découvert l'existence même au temps des

Romains, montre encore les traces de la dernière invasion et semble attendre qu'une voie ferrée puisse favoriser le développement de son industrie. C'est à quelque distance de cette ville, patrie de l'historien des Guerrois et de Danton, qu'eut lieu l'effroyable bataille dans laquelle pour la première fois Attila trouva de rudes adversaires et aurait peut-être été anéanti, si Aétius n'avait point redouté les Wisigoths et les Franks autant que les hordes asiatiques. Saint-Mesmin porte encore le nom de l'intrépide diacre qui se rendit à la rencontre du roi des Huns pour apaiser son courroux et pour sauver la cité que gouvernait alors saint Loup, l'un des prélats les plus vénérés des Gaules. Méry, patrie du trouvère Huon, a vu la Ligue plusieurs fois assiéger ses murailles et la plupart de ses maisons incendiées par le général Blücher. Pont-sur-Seine, où le *fléau de Dieu* traversa le fleuve et offrit un sacrifice à ses divinités, a reçu dans son château le duc de Saxe, oncle de Louis XVI et Mme Lœtitia.

Nogent-sur-Seine. célèbre par la défaite des Anglais au xive siècle, n'était qu'un faible bourg appartenant aux moines de Saint-Denis, lorsqu'Abailard se retira sur les bords de l'Ardusson et fonda le Paraclet. C'est à Scellières, près de Romilly, que fut recueilli le corps de Voltaire en attendant qu'il plût à l'Assemblée Constituante de le faire transporter au Panthéon qu'il ne devait pas occuper longtemps. Romilly dont

...

les seigneurs, comme ceux de Dampierre et de Plancy, guerroyèrent en Terre-Sainte, attire les négociants par sa bonneterie et acquiert chaque jour une importance peut-être menaçante pour la ville principale de son arrondissement.

Villenauxe possédait autrefois une abbaye fondée, dit-on, par le roi Clovis à Nesle-la-Reposte et transférée plus tard sur son territoire. Trancault, dans lequel des historiens ont voulu reconnaître le *Tranquillus* de Glaber, aurait produit le fameux Hasting dont les forfaits ont excité l'indignation de tout le moyen-âge. Mais, plus heureux, le village de la Louptière peut revendiquer sans aucune contestation quelque éclat de la gloire du baron Thénard. De Marcilly-le-Hayer, près duquel s'élèvent encore quelques dolmens, s'étend l'immense forêt d'Othe, qui séparait les Sénons des Lingons et dont le nom se trouve constaté dans les chartes du neuvième siècle. Aix, qui possédait un château fortifié, où séjourna quelque temps le faible Charles-le-Chauve, se transforme et s'efforce de conquérir par son industrie le titre de cité. Villemaur, antique châtellenie, avait autrefois pour seigneur Pierre Séguier, chancelier de France, qui transféra son duché à Saint-Liébault, commune d'Estissac.

Plus loin, dans l'ancienne Champagne méridionale, Villery rappelle la première entrevue de Clovis et de Clotilde, et Lirey, le saint Suaire devenu le plus bel ornement de Turin. Chaource n'a plus son collège fondé par Amadis Jamyn, mais Bar-sur-Seine, chef-lieu de l'arrondissement, montre sa magnifique Notre-Dame-du-Chêne que fit élever naguère un pasteur vénéré, comme Rumilly-les-Vaudes, sa petite cathédrale construite par les soins de l'official Jean Collet.

Il n'est donc pas, comme on le voit, de bourgade en Champagne qui n'ait son originalité ou qui ne raconte quelque aventure. Les comtes de cette province étaient pairs de France et portaient au sacre la bannière fleurdelisée. Ils faisaient eux-mêmes royalement tenir leurs États [par sept comtes, qualifiés *pairs de Champagne,* qui étaient les comtes de Joigny, de Rethel, de Braine, de Roucy, de Brienne, de Grand-Pré et de Bar-sur-Seine. Seigneurs de la Brie, qui n'était à proprement parler qu'une petite Champagne comme la Belgique est une petite France, les Thibault résidaient souvent à Provins, ville célèbre par ses foires, par ses manufactures et par ses roses de Jéricho. Ce fut même dans cette cité que le pauvre Abailard trouva protection lorsqu'il s'enfuit de Paris et qu'un comte de Champagne fut sauvé par l'intrépidité d'une jeune fille, nommée Anne Musnier, qui osa lutter contre deux conspirateurs. Lagny, dont le commerce n'attire plus les négociants de la capitale, voyait au moyen âge ses rues et ses places encombrées par les Lombards et par les Flamands.

Meaux, qui a résisté ¡si vaillamment aux Anglais et aux Huguenots, conserve religieusement la dépouille mortelle de Bossuet. Château-Thierry montre la modeste maison de La Fontaine, tandis que Sens, qui se vante à juste titre d'avoir été l'une des premières villes de la Gaule, peut encore revendiquer l'honneur d'avoir été la métropole religieuse de Paris jusqu'au dix-septième siècle.

Ne parlons donc jamais qu'avec respect de la Champagne, car n'aurait-elle produit que des hommes tels que Colbert, de La Salle et La Fontaine, n'aurait-elle vu naître qu'un héros tel que Turenne, qu'elle mériterait un assez beau rang parmi les provinces. Mais elle a sacrifié ses enfants sur les champs de bataille, lors des invasions, et si dans ses plaines bivouaquent aujourd'hui des soldats prêts à verser leur sang pour la défense de la patrie, elle se leverait encore terrible et puissante comme aux jours d'Attila, de Charles-Quint et des alliés, si jamais les étrangers essayaient de franchir nos barrières.

TROYES

———

Loin de moi, chers lecteurs, la pensée d'évoquer devant vous ces vieux Gaulois dont il ne reste plus que quelques débris et dont l'histoire nous a été naguère retracée par une plume élégante. On sait que les *Tricasses* étaient de cette immense confédération que César ne vainquit qu'au bout de dix années d'une lutte opiniâtre et qu'il enrôla sous ses étendards, comme la nation la plus belliqueuse de l'univers. Dans cette ville dont le nom *Augustobona* prouve toute l'importance, sous les premiers empereurs romains souffrirent d'illustres héros dont les ossements sont conservés parmi nous avec respect, car si ceux-là n'ont point remporté de ces sanglantes victoires qui coûtent toujours si cher aux peuples, ils ont assuré le triomphe de la vertu dans les âmes desséchées par les fatales doctrines de l'antiquité, doctrines qui métamorphosaient la divinité pour s'en moquer, qui supprimaient la famille et qui réduisaient les deux tiers du monde à l'esclavage.

Sanctifiée par le martyre des Savinien, des Parre, des jeunes vierges Jules et Mâthie et de tant d'autres héros, Troyes grandit tout-à-coup et attire les étrangers dans son enceinte par ses foires et par ses produits. Lorsque de tous côtés l'empire romain vermoulu croule sous les pieds des Barbares appelés par Dieu pour châtier les persécuteurs de son Christ, Troyes reste debout, sauvé par la vertu d'un prélat qui revenait d'au-delà de la Manche où ses accents prophétiques avaient terrassé l'hérésie, et tel est l'ascendant de saint Loup sur le farouche Attila que ce roi si terrible ne se croit en sûreté derrière ses innombrables escadrons, qu'accompagné du saint évêque de Troyes. Les plaines de notre contrée deviennent même si fertiles dans ce vaste désert des invasions que sainte Geneviève vient y demander du blé pour ses chers Parisiens décimés par la famine.

Lorsque les Franks s'établissent dans la Gaule et subissent la douce influence du catholicisme, Troyes voit se fonder à quelque distance de son enceinte les abbayes de Notre-Dame-aux-Nonnains, de Montier-la-Celle, d'Isle-Aumont, de Saint-Lyé et de Saint-Quentin, qui nous conserveront les précieux manuscrits de l'antiquité, défricheront les terres incultes et affranchiront le corps et surtout l'âme des malheureux serfs. Des écoles s'ouvrent sous l'épiscopat de

Ragnégisile, dont les restes reposaient encore naguère à Sainte-Savine, et paraissent fleurir sous Charlemagne, quelquefois visitées par le docte Alcuin et par son disciple, l'illustre évêque Bertulphe.

Des conciles même se tiennent dans la cathédrale qui voit en 878, ce que Notre-Dame de Paris ne devait voir qu'en 1804 : un pape sacrant en France un empereur, Jean VIII couronnant Louis-le-Bègue ! Aux Normands, à la barbarie des siècles de fer à travers lesquels passent comme des apparitions d'un autre âge saint Prudence, sainte Maure et saint Adérald, succède le temps de l'expiation, l'époque des guerres saintes. Prêchées par un pape sorti des écoles de Reims, les croisades, ces expéditions auxquelles nous devons peut-être la foi catholique comme à celle de Charles-Martel, entraînent avec elles des milliers de héros de Troyes, de Bar-sur-Seine, d'Arcis et des bourgs importants de Romilly, de Brienne, de Plancy, de Traisnel, de Dampierre, de Méry et de tous ceux où s'élevait à cette époque un manoir féodal. Et, chose remarquable, tandis que tant de nobles champions succombent en Asie pour la défense de la foi, Troyes resplendit d'un éclat qu'on ne doit plus lui revoir qu'au seizième siècle. C'est que lorsque nous cherchons la justice, dit l'Écriture, Dieu, ce souverain rémunérateur, nous accorde quelquefois, comme à Salomon, les honneurs et les richesses. Et n'était-ce point chercher la justice que de verser son sang pour arrêter les progrès de cet islamisme qui menaçait de faire disparaître la religion du Christ et qui massacrait en attendant ceux qui allaient vénérer le tombeau de son divin fondateur?

De la cour de nos comtes sortent les premiers trouvères et les premiers historiens : — Chrétien, qui chante devant Philippe-Auguste les exploits de Charlemagne et de ses paladins ; — Doëthe, qui excite les applaudissements des poètes accourus à la cour de l'empereur Conrad ; — Villehardouin, qui nous raconte la conquête de Constantinople par les Latins et — Joinville, la vie du saint roi dont il fut le fidèle compagnon jusque sur le champ de bataille.

Saint Bernard, cette grande figure du douzième siècle, fondait à quelques lieues, avec le secours de Thibaut, l'abbaye de Clairvaux où se réfugiaient d'illustres personnnages et de nobles intelligences, pour y recueillir les sublimes enseignements de celui dont la voix douce et persuasive subjuguait tout l'Occident. Abailard lui-même se retirait, pour y expier ses fautes, dans un marais près de Nogent-sur-Seine et fondait le Paraclet où Héloïse obtenait plus tard, par sa vertu et par sa science, l'estime des papes et des plus grands théologiens.

Vivifiée par la voix éloquente de saint Bernard et sanctifiée par ses miracles, dont le souvenir s'est conservé parmi nous, notre contrée voyait encore s'élever comme par enchantement les abbayes de

Beaulieu, de Basse-Fontaine, de Larrivour, de Scellières et de Saint-Martin-ès-Aires, tandis que Robert
d'Arbrissel fondait celle de Fontrevault.

Que les despotes de l'Allemagne saccagent l'Italie,
bannissent les souverains pontifes, ces vénérables
protecteurs de la morale, que les rois de l'Angleterre
veuillent mettre une main sacrilége sur les biens de
l'Eglise, c'est-à-dire sur celui des veuves, des orphe-
lins et des malheureux, Troyes accueille avec respect
les défenseurs de la faiblesse et conserve leurs reliques avec vénération, car cette ville sait que le règne
de l'iniquité passe et que l'héroïque vertu de saint
Thomas de Cantorbéry obtiendra toujours l'admiration des hommes. Fréquentée par d'innombrables
étrangers venus des pays les plus lointains pour y
vendre leurs produits dans ces foires dont nous
n'avons plus qu'un faible souvenir, elle agrandit son
enceinte et devient une des villes les plus importantes
du royaume de France.

Qu'un incendie dévore sa cathédrale et même
quelques-unes de ses rues étroites et tortueuses,
l'évêque fait un appel à son bon peuple sur les ruines
de la basilique ; à sa voix accourent des milliers de
fidèles qui s'empressent de verser de beaux deniers
et d'offrir leurs bras pour relever le temple de Dieu,
ce véritable domicile du chrétien. Et qui de vous a
jamais franchi l'entrée principale de cette cathédrale
qui se dresse si majestueusement dans notre cité,

qui de vous a jamais même posé le pied sur le seuil de cette basilique, sans se sentir accablé, ému, transporté, attendri de tant de grandeur, de majesté, d'harmonie, d'esprit de recueillement et de prière, sans éprouver une impression qui l'ait comme sorti de cette sphère terrestre pour le placer sur le seuil de la céleste Jérusalem? Mais surtout qui de vous a jamais étudié le mystère de toutes les parties de ce temple sans être pénétré d'admiration en présence de tant de doctrines, de tant de lumières accumulées et réunies comme dans une encyclopédie sacrée? Qui conçut le merveilleux plan de cette église qui s'élève à quelques pas de cette belle collégiale de Saint-Urbain, construite aux frais du pape Urbain IV, sur l'emplacement même de l'humble échoppe qui le vit naître? Nul ne le sait, mais il n'appartenait qu'à des hommes de foi d'entreprendre presque sans aucun salaire des travaux si prodigieux.

Aux croisades, au glorieux temps des Thibault succèdent des calamités et des guerres plus sanglantes. Henri III, dernier comte de Champagne, est à peine descendu dans la tombe que Troyes qui n'avait point sollicité le droit de *commune*, qui avait vécu paisible sous le gouvernement de ses suzerains, voit poindre ses mauvais jours dès l'arrestation des Templiers, dont l'ordre s'était pour ainsi dire fondé dans son enceinte par la puissante impulsion de l'abbé de Clairvaux. Son évêque Guichard est même arrêté et jeté dans les chaînes comme un malfaiteur, faussement accusé d'avoir empoisonné la reine Jeanne, mais coupable seulement d'avoir voulu défendre les droits du Saint-Siége, violemment attaqués par un roi faux-monnayeur, comme l'atteste le clerc de Troyes dans son poëme allégorique intitulé *le Renard contrefait*. Il est bien vrai que Philippe-le-Bel maintient dans la capitale de la Champagne les *Grands Jours* dont l'autorité semble égaler celle du Parlement de Paris, mais son successeur Louis X le Hutin, qui pourtant a épousé Clémence de Hongrie dans la chapelle épiscopale de Saint-Lyé, inaugure l'ère de décadence en bannissant de nos foires les Flamands, les Génois et les Provençaux.

Envahie de tous côtés par les Anglais, la France apprend bientôt avec stupeur la captivité de son roi ; Troyes contribue largement à la rançon de Jean-le-Bon et envoie ses meilleurs citoyens avec l'évêque Henri de Poitiers repousser les ennemis à Saint-Just et à Nogent-sur-Seine. Fournissant aux rois de France quelques-uns de ces *fous* qui leur donnent des leçons de sagesse comme l'habile Solon jadis à la cour de Crésus, notre cité voit enfin les Anglais maîtres de son enceinte. Le pauvre Charles VI y vient à leur suite, traîné par cette Isabeau de Bavière, qui a trahi son époux et qui veut exclure du trône le jeune Charles, son fils. Mais cette reine éhontée a beau faire signer le traité de Troyes et assister à la représentation de quelques mystères, le lendemain du mariage du roi d'Angleterre avec sa fille Catherine, la Providence ne permettra pas aux Anglais de s'emparer de la couronne de France, car elle sait que ces hommes nous doteraient cent ans après de leur schisme et de leur hérésie. Et en effet, tandis que le dauphin Charles perd gaiement son royaume dans la petite ville de Chinon, Dieu suscite Jeanne d'Arc à laquelle Troyes se hâte d'ouvrir ses portes, sous l'épiscopat de Jean Léguisé qui dédie solennellement sa cathédrale aux apôtres saint Pierre et saint Paul. tandis que la dépouille mortelle d'Isabeau de Bavière descendait furtivement sur une misérable barque jusqu'à Saint-Denis pour y demander la royale sépulture qui ne lui fut accordée que par pitié, comme le constate un chroniqueur.

Déclarée *grande et notable, bien et grandement populée de marchands et autres gens de tous estats,* la ville de Troyes se fortifie et fait fondre une grosse cloche qu'elle place au *Beffroi* pour y sonner l'alarme. Fidèle à ses rois, elle repousse les Bourguignons, accueille le bienheureux Jean de Gand et mérite par ses services d'être exemptée *de toutes tailles et impôts* par Charles VIII, qui ne dédaigne point de la visiter en 1486.

Son premier maire, Edmond le Boucherat, *licencié-ès-lois,* est à peine nommé, que le conseil, assemblé dans le *parlouër* nouvellement construit, veille avec sollicitude à l'embellissement et à la défense de la cité. Alors naissent et grandissent, dans son enceinte fortifiée, dès centaines d'artistes dont les œuvres sont encore admirées par nos architectes modernes. Tandis que *maître Jean de Soissons* jette les fondements du portail *royal* de la cathédrale que Nicolas Havelin doit orner de statues, Gualde sculpte le jubé de Sainte-Madeleine et ne reçoit pour tout salaire que de cinq à six sous par jour.

Qu'un incendie, dont le souvenir douloureux s'est conservé jusqu'à nous, dévore encore des rues entières, réduise le peuple à la misère, de belles églises s'élèvent sur les ruines de celles que les flammes ont consumées. Quoique pauvre et souffreteux, quoique décimé de temps en temps par la peste et par la famine, le peuple ne regarde pas à la dépense lorsqu'il s'agit de la maison de Dieu, de son église paroissiale, car, n'est-ce point le domicile de tous ceux qui ont besoin de l'aide du Tout-Puissant? Et qui de vous, chers lecteurs, voit ici-bas ses jours s'écouler sans douleur profonde, sans larmes amères? Aussi visitez les églises de cette cité, que de chefs-d'œuvre exécutés par d'obscurs ouvriers qui ont travaillé avec ardeur et qui passaient souvent des nuits pour une bien modique somme! Les peintres-verriers devinrent même si nombreux qu'ils furent appelés à Sens, à Auxerre et dans presque tous les bourgs où leurs œuvres sont encore l'ornement de nos églises et le témoignage le plus éclatant de la foi de nos pères.

C'était pourtant le siècle où les libres penseurs voulaient renverser le trône et l'autel, où Luther et Calvin levaient l'étendard de la révolte et cherchaient à jeter le venin de l'erreur dans les âmes encore pures et candides, comme si l'Eglise, depuis quinze siècles, n'avait point vu passer devant elle le cercueil des schismes et des hérésies ! Et qui le croirait ? Celui même qui devait défendre le troupeau l'abandonna pour suivre les hérétiques.... Mais nos pères qui élevaient tant de monuments religieux ne souffrirent pas longtemps cet outrage fait à leur foi et forcèrent l'apostat de se retirer dans un monastère pour y pleurer son égarement. Et en effet, le protestantisme pouvait-il triompher dans une cité qui avait toujours compté tant de braves et nobles défenseurs du catholicisme ? Saint Nicolas voyait s'élever son Calvaire si célèbre aux frais d'un paroissien, d'après le plan de celui de Jérusalem que le fervent pèlerin avait lui-même rapporté de la Palestine. L'autel de Notre-Dame de Lorette attirait aussi les fidèles par le récit des miracles opérés par sa statue, miracles constatés par les marguilliers, dans leurs registres conservés aux archives de l'Aube. Saint-Pantaléon sortait de ses ruines et se décorait de belles verrières et d'innombrables statues dues à la libéralité des Molé, des Larcher, des Molinet et des nobles propriétaires de l'Hôtel de Vauluisant. Saint-Jean voyait se relever son magnifique chœur, tandis que toutes les paroisses du diocèse concouraient à l'achèvement de la cathé-drale, cette église-mère de laquelle nous recevons tant de grâces ineffables.

Beaucoup de personnes croient que la libéralité épuise, mais lorsque cette libéralité est prodiguée au service de Dieu, au soulagement des pauvres, elle enrichit les familles et les ennoblit tout à la fois. Aussi tandis que nos corporations dotaient leurs églises paroissiales de belles verrières et de sculptures délicates, Troyes acquiérait une immense renommée par son commerce et par ses productions. Établie dès 1483, l'imprimerie atteignait ce luxe et cette perfection qu'on ne lui connaît plus depuis long-temps. La bibliothèque publique possède encore quelques volumes des Lecoq et des Lerouge qu'au-raient avoués les plus célèbres typographes de la capitale. Les papeteries étaient même devenues si florissantes que de ses quarante à cinquante moulins sortaient des produits recherchés par l'Université de Paris. L'orfèvrerie comptait des artistes dont les œuvres excitaient l'admiration, surtout cette châsse de saint Loup, la plus belle de l'Europe, s'il faut en excepter celle de Saint-Lambert, à Liége. Les blan-chisseurs et les tanneurs obtenaient une immense renommée qu'ils devaient non point aux qualités des eaux de la Seine, comme on l'a prétendu, mais à leur intelligence et à leur activité, tandis que les drapiers ne possédaient pas moins de trois mille métiers et soutenaient fièrement la concurrence des négociants du Nord accourus à ses foires pour y vendre leurs étoffes.

Dans ce siècle où les arts et l'industrie florissaient avec tant d'éclat, où notre cité jouissait seulement avec trois autres villes d'une juridiction consulaire, le docte Passerat, professeur au Collége de France, formait cependant le célèbre Ronsard, François Pithou découvrait les fables de Phèdre, dont la première édition sortait des presses de Nicolas Oudot, Pierre Larrivey, chanoine de Saint-Etienne, préparait Molière et Jamyn de Chaource charmait le roi Charles IX par ses poésies.

C'est que Paris et la cour n'absorbaient pas encore entièrement l'art et les artistes. Les hommes que la nature avait doués de talents supérieurs regardaient comme un devoir rigoureux de les consacrer à l'ornement et à l'illustration du pays qui les avait vus naître. Ne se préoccupant guère de transmettre à la postérité les particularités de leur vie, ils dédaignaient même d'attacher leur nom à leurs œuvres. Aussi combien de noms d'artistes distingués nous seraient inconnus, si les marguilliers de chaque paroisse n'avaient pas eu le soin d'enregistrer chaque année leurs dépenses et de nous conserver ainsi de précieux documents qu'il est aisé de parcourir aux archives de l'Aube!

L'instruction à cette époque n'avait point pour but principal de donner quelques vagues notions de grammaire et de calcul, mais de former des hommes craignant Dieu et sachant élever de temps en temps leurs regards au-dessus de ce globe. L'étude de la langue latine paraissait alors importante, parce que cette langue était celle de l'Eglise et des savants. Forcés d'étudier, les élèves faibles étaient interrogés chaque jour par les plus avancés qui leur expliquaient les auteurs et leur faisaient même réciter leurs leçons, tandis que les *régents* exerçaient une rigoureuse surveillance, car n'en déplaise à notre siècle, où les plaisirs dans les écoles sont si sagement ménagés, où les livres courent au-devant des écoliers pour leur offrir la science, où l'autorité est toute paternelle, les verges abondaient dans la loge du concierge, ces verges dont Montaigne et tant d'autres écrivains ont parlé avec reconnaissance. Aussi, formés au travail par une rude discipline, nos aïeux comptaient-ils peu de pauvres dans cette populeuse cité. Chaque dimanche la Charité tenait même ses séances dans une des salles de l'Hôtel-Dieu. Malheur à ceux qui feignaient quelque maladie ou que les agents avaient surpris en flagrant délit de mendicité ! L'aumône leur était publiquement refusée, et l'un des recteurs leur enjoignait d'une voix grave « de travailler de leur métier sous peine d'être envoyés aux fortifications ou aux autres œuvres de la ville. »

....

Embellie par ses artistes, illustrée par ses hommes célèbres et enrichie par son industrie, Troyes vit encore briller, dans les siècles suivants, d'habiles sculpteurs tels que François Girardon, des peintres tels que Pierre Mignard, des historiens tels que le docte Nicolas Camusat, des magistrats tels que Mathieu Molé, qui osa résister à la Fronde et beaucoup d'autres hommes dont les noms sont parvenus jusqu'à nous. Mais lorsque la philosophie eut répandu dans la société ses vaines utopies et corrompu les mœurs, notre ville ne jouit plus du même éclat qu'au XVIe siècle. Comme la France, dont elle est une des villes les plus florissantes par son industrie, elle vit ces jours néfastes où l'impiété métamorphosait nos belles églises en Temples de la Raison, d'où le bon sens même était banni, où d'autres hordes de l'Asie vinrent camper dans ses plaines comme au temps des Romains, où les mots sonores de *liberté*, de *fraternité* et d'*égalité* jetèrent le vertige dans toutes les têtes, comme si la véritable liberté ne datait point du jour où, vainqueur sur le Golgotha, Jésus nous affranchit d'une domination plus tyrannique que celle d'un homme qui passe! Et qui le croirait? C'est pourtant dans notre cité si paisible, sur l'Hôtel-de-Ville de laquelle on lisait un quatrain de Santeuil qui rappelait l'antique foi de nos pères que naquit cet infâme Simon, qui de mauvais cordonnier devint le bourreau du jeune Louis XVII. Il faut lire dans la *Vie du*

Prince martyr écrite par M. de Beauchesne, le récit des tortures inouïes que Simon fit subir au pauvre enfant, en attendant que la Providence châtiât ce vil serviteur de la Convention. Je sais que Danton fut aussi élevé dans notre ville, au collége de laquelle sa pétulance lui avait valu le surnom de *Catilina;* mais combien de victimes ne déroba-t-il point à la froide cruauté de Robespierre, avant de payer de sa tête cette Révolution qu'il avait appelée de tous ses vœux! Plus heureux, les généraux Songis, Rambourgt, Gautherin et Simon ont laissé dans leur cité natale de plus doux souvenirs, surtout Songis qui refusa noblement de suivre Dumouriez et qui mérita par sa bravoure de reposer dans les caveaux du Panthéon.

Devenu chef-lieu du département de l'Aube, Troyes ne verra plus accourir sans doute dans son enceinte ces nobles pairs de Champagne qui s'empressaient de venir reconnaître devant la tour féodale la suzeraineté des Thibault, ni ces trouvères qui chantaient dans les salles du palais ducal les héros qui combattirent dans l'armée commandée par Charlemagne, ni ces moines dont l'éloquence et la vie austère touchaient les cœurs et soulevaient les populations. Ses foires, quoi qu'on en dise, n'attireront plus les négociants de la France entière, de l'Italie, de l'Allemagne et même de l'Orient, parce qu'avec deux mots à la poste, tout bourg peut aujourd'hui recevoir dans la huitaine sans aucun dommage et sans risques de quoi refaire une foire du moyen-âge. Mais Troyes compte encore des hommes qui peuvent lui reconquérir cette éclatante renommée dont elle jouissait dans ces siècles écoulés. N'a-t-elle pas vu naguère naître ou grandir les Gambey, les Paillot de Montabert, les Gauthier, les Delarothière, les Simart, les Gerdy, les Arnaud et les Delaunay à la suite de ce Charbonnet qui, de simple ecclésiastique, parvint à la haute dignité de recteur de l'Université de Paris, et de ce Levesque de la Ravallière dont les ouvrages seront toujours recherchés des amateurs? Il est bien vrai que de ses presses ne sortiront plus ces mille petits livres bleus et ces almanachs où le caractère avait fini par prendre les formes arrondies de la tête de clou, que les villages et les hameaux ne liront plus les histoires de Huon de Bordeaux, des quatre fils Aymon et de tant d'autres héros, mais en revanche quelle est la contrée qui n'accueille point les produits de ses principaux fabricants de bonneterie? Introduite d'abord, dès 1745, dans l'hôpital de la Trinité, la bonneterie a remplacé la draperie, la tisseranderie et d'autres professions industrielles. Un instant menacée par la fabrique anglaise, elle a su triompher et même défier à tel point toute concurrence par sa perfection et par sa solidité, que la filature du coton, quoique concentrée dans de grandes usines, ne peut plus suffire à son alimentation et qu'elle va chercher

dans des usines étrangères les compléments néces-
saires à sa fabrication. Ces succès sont surtout dus
aux efforts persévérants de MM. Bazin, Évrard, Gui-
vet et Poron dont les produits sont même recherchés au-delà des mers.

La blanchisserie a tellement secondé la bonneterie
qu'elle surpasse depuis longtemps celle des Anglais,
grâce au zèle de M. Dardot, habile industriel, dont
les successeurs ont conservé le secret de cette perfection de blanchissage que nous envient nos voisins
d'Outre-Manche. Mais il ne faut pas l'oublier, c'est à
la mécanique que la bonneterie doit surtout sa prospérité comme l'ont constaté les Expositions de Troyes
et de Paris. Il faut visiter les ateliers de MM. Ber-
thelot, Buxtorf, Cotel et Poivret pour y admirer ces
métiers circulaires et rectilignes qui fonctionnent
avec tant de rapidité et qui ont permis à la bonneterie
de prendre un développement si considérable. Mais
hélas! combien de ces métiers ne sont-ils pas achetés
par les étrangers et surtout par les Orléanais qui,
par leur concurrence, peuvent un jour diminuer l'importance de notre fabrication! On l'a déjà vu, les
industries les plus florissantes disparaissent quelquefois des villes qu'elles avaient enrichies, lorsque
celles-ci ne savent pas en favoriser le libre essor. Et
en effet, avec des capitaux, il est bien facile d'avoir
des métiers et des ouvriers et d'enlever ainsi toute
une industrie à un pays, à moins que ce pays, renon-

çant à toute lésinerie mesquine, ne veuille réellement produire *à bon marché* ou ne livrer que des objets d'une qualité supérieure. Que Troyes continue donc à marcher franchement dans la voie du progrès, la fortune lui sourira longtemps encore, car cette déesse volage aidera toujours les audacieux, comme le disait un poète contemporain de cet Auguste qui par son courage devint le maître du monde.

Malgré cette renommée dont jouit la vieille capitale de la Champagne et qui semble rappeler le XVIe siècle, il y a des gens qui, regrettant le passé, s'en vont crier à toutes les portes que nous sommes en pleine décadence, comme à l'époque la plus funeste du Bas-Empire où tout s'affaissait, religion, mœurs et bravoure. Il est bien vrai que nos églises sont trop souvent désertes, que le luxe envahit toutes les classes et que le catholicisme n'attire plus les âmes par l'appât des souffrances du Calvaire. Mais qui donc, Messieurs les médisants, a enfanté cette Société de Saint-Vincent-de-Paul qui soulage avec tant de grâce les indigents de notre cité? Qui donc a ouvert un asile aux vieillards délaissés et les a confiés à la tendresse des *Petites-Sœurs des Pauvres?* Qui donc a restauré cette vaste basilique dont nous admirons les ravissantes beautés, élevé au ciel tant de flèches et de clochetons et fondé tant de maisons religieuses dont le nombre surpassera bientôt celui que comptaient nos bons aïeux? N'est-ce pas ce XIXe siècle, siècle véritablement débonnaire, puisqu'il nous permet de voir les Jésuites s'établir tranquillement à Troyes, cité paisible qui les avait pourtant repoussés tant de fois depuis l'an de grâce 1603, s'il faut en croire certains historiens? Rendons donc hommage aux magistrats de notre ville, dont le zèle et la bienveillance nous sont si gracieusement prodigués, dont la sollicitude embellit nos rues autrefois si étroites et si tortueuses, dessine des jardins d'un riant aspect et tente chaque jour de louables efforts pour l'amélioration du sort de la classe ouvrière, classe si digne d'intérêt, puisque nous devons à ses labeurs cette prospérité que nous envient beaucoup de villes.

TABLE DES MATIÈRES

FIN

Arcis-sur-Aube. — Typographie Léon FRÉMONT.